【中国财富收藏鉴识讲堂】

王敬之讲田黄

王敬之　著

U0363226

中国财富出版社

图书在版编目（CIP）数据

王敬之讲田黄／王敬之著. —北京：中国财富出版社，2013.10
（中国财富收藏鉴识讲堂）
ISBN 978－7－5047－4791－4

Ⅰ.①王… Ⅱ.①王… Ⅲ.①寿山石—鉴别—基本知识
Ⅳ.①TS933.21

中国版本图书馆 CIP 数据核字（2013）第 197069 号

| 策划编辑 | 李慧智 | 责任印制 | 方朋远 |
| 责任编辑 | 张彩霞 | 责任校对 | 梁 凡 |

出版发行	中国财富出版社（原中国物资出版社）
社　　址	北京市丰台区南四环西路 188 号 5 区 20 楼　邮政编码　100070
电　　话	010－52227568（发行部）　　　010－52227588 转 307（总编室）
	010－68589540（读者服务部）　010－52227588 转 305（质检部）
网　　址	http：//www.cfpress.com.cn
经　　销	新华书店
印　　刷	北京京都六环印刷厂
书　　号	ISBN 978－7－5047－4791－4/TS·0072
开　　本	889mm×1184mm　1/32　版　次　2013 年 10 月第 1 版
印　　张	2.625　　　　　　　印　次　2013 年 10 月第 1 次印刷
字　　数	64 千字　　　　　　定　价　32.00 元

前 言

　　中华民族是世界上最热爱收藏的民族。我国历史上有过多次收藏热，概括起来大约有五次：第一次是北宋时期；第二次是晚明时期；第三次是康乾盛世；第四次是晚清民国时期；第五次则是当今盛世。收藏对于我们来说，已不仅仅再是捡便宜的快乐、拥有财富的快乐，它还能带给我们艺术的享受和精神的追求。收藏，俨然已经成为人们的一种生活方式。

　　收藏是一种乐趣，但收藏更是一门学问。收藏需要量力而行，收藏需要戒除贪婪，收藏不能轻信故事。然而，收藏最重要的是知识储备。鉴于此，姚泽民工作室联合中国财富出版社编辑出版了这套"中国财富收藏鉴识讲堂"丛书。当前收藏鉴赏丛书层出不穷，可谓泥沙俱下，鱼龙混杂。因此，我们这套丛书在强调"实用性"和"可操作性"的基础上，更加强调"权威性"，目的就是想帮广大收藏爱好者擦亮慧眼，提供最直接、最实在的帮助。这套丛书的作者，均是目前活跃在收藏鉴定界的权威专家，均是中央电视台《鉴宝》《一槌定音》等电视栏目所请的鉴宝专家。他们不仅是收藏家、鉴赏家，更是研究员和学者教授，其著述通俗易懂而又逻辑缜密。不管你是初涉收藏爱好者，还是资深收藏家，都能从这套丛书中汲取知识营养，从而使自己真正享受到收藏的乐趣。

《王敬之讲田黄》的作者王敬之先生，现为文化部文化市场发展中心艺术品评估委员会玉器珠宝工作委员会主任，中国文物学会文博学院教授，中央电视台《寻宝》《艺术品投资》《一槌定音》鉴宝专家。他在玉石鉴定领域造诣颇深，堪称中国研究田黄第一人。

本书博而不滥，约而不漏，注重强调对田黄的科学鉴定，将田黄的"皮、格、纹"用图片的形式加以界定，使人一目了然，非常适用于田黄收藏者和研究者的学习研究。

姚泽民工作室

2013 年 8 月

目 录

1　　"石中之王"话田黄

4　　田黄石的传说和"历史"

9　　田黄石的成因及产地

16　　田黄石的种类

31　　田黄石的鉴识——传统方法

53　　田黄石的鉴识——科学方法

60　　田黄石的辨伪

70　　寿山石雕大师薄意作品欣赏

73　　附录　"国石"只能是田黄

77　　后记

"石中之王"话田黄

1945年8月15日，中国人民经过艰苦卓绝的8年抗战，取得了抗日战争的伟大胜利，此时此刻的伪满洲国傀儡皇帝溥仪，深感末日来临，仓皇逃命，最后将无数奇珍异宝都丢弃了，但身上却始终揣着三颗乾隆皇帝御用的石头印章，直到他被关进抚顺战犯管理所之后，才将这三颗石头印章献出。人们不禁要问，是什么样的宝贝石头，要让一个曾经拥有天下的皇帝与之生死相随？

这，就是产于福州市寿山乡，被尊为"石中之王"和"石帝"的珍贵宝石——"田黄"。

田黄之所以珍贵，是因为在整个地球上，只有寿山村一条小溪两旁"横阔凡数丈"，长十余华里的狭长水田中才有

杨玉璇刻弥勒佛

这块重140克据说是清人杨玉璇雕刻的弥勒佛，在1998年香港苏富比春季拍卖会上以200万港元拍卖，加上佣金20万港元，平均每克高达15000港元以上。

出产，离了这片水田，离了那缓缓流过这片水田的寿山溪，也就没有了田黄。即便是这片狭长的水田，还被分为上坂、中坂、下坂和碓下坂，而只有中坂才能出产质嫩色浓、温润细腻的佳品田黄。由于田黄有福（福建）、寿（寿山）、田（田黄）的寓意，据说乾隆皇帝在每年元旦的祭天大礼中，都要在供案的中央供上一块田黄，以祈求上苍赐予自己多福高寿，王土广袤。在清代帝王的眼里，田黄的地位超过一切珍宝，而民间相传，田黄石可以驱灾避邪，益寿延年。所有这些，都为田黄石蒙上了一层神秘的色彩，因此，自清乾隆以来，田黄石一直是人们梦寐以求的至宝。也正因为如此，寿山村的水田自清代以来已被翻掘了无数次，如今的田黄几近绝产。在民国就有"一两田黄三两金"之说，而今

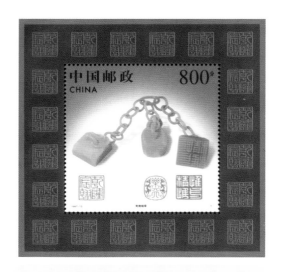

乾隆田黄三链章

　　乾隆田黄三链章是国宝级文物，1997年被印成小型张邮票发行，成了国家的名片及集邮爱好者搜求的珍品。

一块极普通的田黄也要数万元人民币，其价格早已超过"一两田黄十两金"。精品田黄更是价格惊人，1998年香港苏富比春季拍卖会上一尊清代杨玉璇雕刻的田黄弥勒佛像，重140克，竟然拍到200万港元，其价格已达到

秋韵
银包金田黄冻，重 152 克
江依霖　作
　此石 1997 年被制成邮票，已变成国宝级的田黄。

"一 两田黄百两金"之巨。

　　1978 年 8 月 17 日，国家邮电部在福建省省会福州市，隆重发行了"寿山石雕"邮票，此次发行的邮票共五枚，包括一枚小型张。小型张"乾隆链章"上展现的就是被溥仪揣着逃跑、极富传奇色彩的乾隆皇帝三链章。另一枚田黄"秋韵"，是一块重152 克的银包金田黄冻石，表现的是《红楼梦》中贾宝玉、林黛玉读《西厢记》的情节。邮票，素有国家名片的雅称，是国家的荣誉所在。从此，田黄石不仅在中国人民的心目中取得了无可替代的崇高地位，而且也逐渐被全世界人士所认识。

田黄石的传说和"历史"

有一个古老的传说，在天塌地陷的上古时代，我们中华民族的伟大母亲女娲，为了拯救人类，曾经炼石补天，或许是计算上的失误，有一块石头最终没有派上用场，于是这块命运不济、无限怨艾的灵石便生出许多扑朔迷离的故事，后来被清代著名文学家曹雪芹先生"披阅十载，增删五次"写成了脍炙人口的《红楼梦》，从而感动了无数的怨女旷男。

但是在福州却流传着另一种版本的美丽传说。据说，女娲补天之后，还剩下许多大小不一的灵石。于是她在神州大地上空巡视，最后发现福州寿山的山川岚气藏纳，林壑清幽，景致绝美，就把这些曾经用于补天的灵石撒向了寿山的大地，这就是蕴藏于寿山水田中的"田黄石"！

笔者喜爱《红楼梦》，也喜爱那个石头变成贾宝玉的传说。但是不知为什么，我觉得寿山田黄石的传说更令人神往。因为在我们伟大祖国960万平方千米的土地上，甚至在整个地球上，为什么只有寿山的水田里才会有这种珍贵宝石的存在呢？这不是我们的伟大母亲女娲对寿山特别眷顾又是什么呢？

关于田黄石，福州还有个传说。

相传乾隆皇帝曾经做过一个梦，梦见自己受到玉皇大帝的召见，玉皇大帝赐给他一块黄色的石头，还赐给他"福寿田"三个大字。乾隆皇帝醒后高兴得不得了，觉得这是一个"瑞兆"，但是对梦境中的情况，又百思不得其解。第二天，他召集群臣给自己"圆梦"，一位闽籍大臣听后连忙跪倒禀告：玉皇大帝赐给皇上的一定是产于福州寿山的田黄石，因为这正合玉皇大帝赐书的"福寿田"三字。乾隆皇帝听后极为高兴，认为这确实是老天爷对自己的恩赐，从此，他就在元旦行祭天大礼的时候在祭桌中央供上了田黄石。

这个传说，同样是美丽的。

与这两个传说相比，另一个传说则要相形见绌了。相传元朝末年，天下大乱，哀鸿遍野，民不聊生。在安徽凤阳有个穷小子朱元璋，为了躲避灾荒，逃到了福州寿山，他饥寒交迫，又偏偏碰到下大雨，走投无路地躲进了一个寿山石农采掘寿山石的山洞。这场雨一连下了几天，他也就在山洞里睡了几天，幸好没有饿死，否则就没有后来的明

女娲画像

中国古代神话传说，在上古时代火神祝融和水神共工大战，共工战败，怒以头撞不周山。不周山为撑天之柱，山折，造成天塌地陷。中华民族的伟大母亲女娲杀巨龟取其四足将天撑住，又炼五彩石将天塌陷的大洞补好，拯救了人类。图中最上层人身蛇尾的女性神仙即为居住在天庭的女娲，在她的两侧是太阳和月亮。

太祖了。等到雨过天晴，朱元璋一骨碌爬了起来，这时奇迹发生了，他原先满身的疥疮竟然不治而愈，原来他睡在田黄石的石粉上面了，是田黄石治好了他的病。到后来，他当了明朝的开国皇帝，还专门派太监来开采田黄石。

传说最怕"有据可查"，女娲将补天的灵石撒向寿山，那是上古时代的事，历史太久远：乾隆皇帝是"做梦"，谁也无法进入他的梦境；唯独这个传说经不起推敲。第一，朱元璋如果是为了避荒灾，绝对不可能穿过鱼米之乡的江浙，跑到时为穷乡僻壤的寿山村去乞讨；如是避兵灾，那更不可能，因为彼时他已离开皇觉寺，跑到抗元义军首领郭子兴手下去当"亲兵十夫长"——警卫班长了。第二，田黄石，是产在水田里的，山洞里产的不叫"田黄"，而且迄今为止，没听说过石农挖掘到田黄要在山洞中放一段时间的事。第三，有明一代是一个非常黑暗的时代，出现了"东厂""西厂"和"锦衣卫"这样的特务组织，杀宰相犹如杀平民。在这样的政治氛围中，官吏个个噤若寒蝉。如果朱元璋将田黄奉为至宝，绝对没人敢说一个"不"字。而偏偏就是在明代有个布

艾叶绿方章

　　印文"传语平安""谨封"，佚名。明人谢在杭品评寿山石以艾叶绿为第一。近人龚纶对他的做法感到"实不可解，或以可混风门青耶？"明人文彭首以青田灯光冻治印，使青田之石名重士林，谢氏以闽人故，特别推重与青田封门青相似的艾叶绿或许就是为了抗衡青田石。

政使叫谢在杭的，竟然对"田黄"只字不提，而将寿山五花坑所产的"艾叶绿石"品评为寿山石第一。

其实，田黄石被发现的"历史"是很短的。在明代早中期还没有为人们所认识。它的被发现也纯属偶然，据清人施鸿宝《闽杂记》记载，起因竟然是一位进城卖谷的老农，因为担子一头轻一头重，他就顺手拿了块从田里挖出来的黄石头，放在轻的一头。在路过致仕在家的著名文学家曹学佺门前时，被曹学佺发现买了下来，开始"遂著于时"。但说是这么说，从那时之后的好长一段时间里，田黄好像还是没有受到人们足够的重视。

到了清朝康熙年间，人们喜爱寿山石的风气空前高涨，"名流学士，怀瑾握瑜，穷日达旦，讲论辨识"，甚至达到了"心目既荡，嗜好为移"的境地。康熙年间侯官(今福州)人高兆撰《观石录》对他在十余位朋友家中见到的140余枚寿山石进行了淋漓尽致的描摹，并将其分为"神品""逸品"和"妙品"，但是从文字上看像是田黄的恐怕只有"甘黄无瑕者""黄如蒸栗""如数百年前琥珀""血浸甘黄""黄柑巽手，秀色通理者""新黄如秋葵者"这么几块。

其后，杭州萧山人毛奇龄撰写《后观石录》，尽管首次提出了"田坑第一"的观点，但在具体文章中还是和高兆一样"尚色不尚质"，其所列的"上品"十三块，分别为艾叶绿、羊脂、鸽眼砂、蔚蓝天、瓜瓤红、虾背青、肉脂、炼蜜丹枣、桃花水、三合一等。从文中所介绍的情况看，恐怕只有"炼蜜丹枣"一块像是田黄！他所列举的"中上"十四块，竟然没有一块像是田黄！只在"中品"十二块中提到了"蜜蜡""秋葵蜜蜡(一名枇杷黄)""甘黄密蜡"这三块像是田黄。这从一个侧面足以反映出，就是在康

清高宗乾隆皇帝像

田黄石在清康熙年代尚不为世人所重视。这在时人高兆、毛奇龄的著述中可见端倪。自清世宗雍正皇帝开始，宫廷开始看重田黄，并将其赏赐宗室亲信。后在乾隆皇帝的推崇之下，田黄石始登上了"石中之王"和"石帝"的崇高地位。

熙年间，田黄石也还是没有受到人们普遍的重视。

田黄石受到重视，可能是在雍正年间，在北京的荣宝斋里，就珍藏着雍正皇帝赐给他十三弟允祥的两颗硕大的田黄方章。允祥是雍正皇帝最倚重的弟弟，被封为怡亲王，并且是个"铁帽子王"。清朝建国初期曾封了功勋卓著的"八大铁帽子王"，此种王爵可以"世袭罔替"，如袭爵者犯罪，只革其人，不削其爵，而由家庭中其他成员继承，也就是说子子孙孙永远是王。而其他非"铁帽子王"即使不犯罪也要每传一次爵位，就要降爵一级。从顺治到康熙这数十年间都没有封过其他人为"铁帽子王"，可见雍正皇帝对允祥的宠信，对宠信的弟弟封"铁帽子王"并赐予田黄玺印，也可以看出雍正皇帝对田黄石的重视。到了乾隆年间，田黄石因获得了乾隆皇帝的激赏，从此取得了"石中之王"和"石帝"的崇高地位。从那时开始，田黄的地位至今没有一丝一毫的动摇。

田黄石的成因及产地

传说归传说，寿山石及田黄石在地质学上总有一定的成因。原来，在地质的中生代（距今约 2.3 亿年至 6700 万年），在今日福建东部的范围内，曾出现过一次地质大变动，火山大爆发，大量岩浆突破地表形成了冲天的烈焰，伴随火山喷发带来大量的酸性气体、液体，交替分解了周围岩层中的长石类矿物，将其原先含有的比较活跃的钾、钙、镁和铁等元素分化，而保留下较为稳定的铝、硅等元素，这些含铝、硅元素的溶液，后来重新冷却结晶成矿，这就是分布在寿山乡群山中的寿山石诸矿。

至于田黄石，通行的说法是在数百万年前的第三纪末期，由于风雨的剥蚀，盛产寿山佳石的"高山"矿脉中的部分矿石从矿床中分离出来散落在溪旁的基础层上，以后逐步为砂土层所覆盖。这些矿石埋没于砂土中，天长日久，表面所含的三氧化二铁受周围土壤、水分及温度等因素的影响，渐渐酸化，使石块改变了原有的面目，形成了独具特色的田黄石。

根据现有的地质学成果，我们知道寿山石的形成是低温热液矿，寿山石都是"填充"在花岗岩的缝隙之中的。但是我们目前所见到的田黄石，或其他"掘性独石"却都是单一的"寿山石"，而没有寿山石和花岗石"粘"在一起的石头。

上坂

那么，是不是当初有极少的一部分低温热液矿未能填充到花岗岩的岩缝中，而是留在地表了呢？只有这样它们才可能在地壳的变动和风雨的剥蚀下从高山上滚落到山下去。只有这样我们才可能发现没有和花岗岩粘在一起的寿山掘性独石和田黄石。

我们不知道"高山"的原始地貌，但从今天的地貌看，高山是一座典型的锥形山峰，如果地壳变动或风雨剥蚀，高山地表的寿山石原生矿应该往四周滚落下去。可是我们至今只在"高山"东南面的坑头溪及其下游寿山溪的流域发现了田黄。而同在"高山"之下，仅隔坑头溪数步之遥的大段溪，却至今没有发现过田黄。

从坑头溪的源头坑头占到寿山溪的下游结门潭，全长8千米，出产田黄石的土地仅为1平方千米。而且即便是"出产"田黄石的土地，也被分为：上坂、中坂、下坂和碓下坂。四坂所产的田黄也有较明显的区别，上坂田的田黄质灵色淡；中坂田的田黄质嫩色浓；下坂田的田黄质凝腻，而作桐油色；碓下坂的田黄质粗硬，色黝暗。为什么同为从"高山"上滚入田中的母石，会在各坂的水田中有这么大的变化呢？至今我们还没有得到令人信服的答案。

前面已经说过了，田黄石的形成是数百万年的事，而"田"只是人类活动的产物，应该说人类活动产物的"田"对田黄石的外部特征及色泽变化所起的作用不会太大（但因系农民烧稻根做肥料，而造成的"煨红田"除外），影响它们的应该是日夜浸润着它的溪水——即和坑头溪的水质有着极大关系。

据寿山石农介绍坑头溪的水是非常"利"（音）的，早先人们开采的白色寿山石被废弃在溪水中，如今表皮已变黄。人类开采寿山石的历史不过一千数百年，被人类废弃在坑头溪中的寿山石历史最长也不会超过这个时间，短的可能只有几十年，在这么短的时间里都会起变化，那么被浸润数百万年的田黄石其变化是完全可以想见的。

我们已经无法知道寿山溪在数百万年前的原始状貌，但是就目前人们对上、中、下三坂的划分，却是与寿山村的三条溪流有着密不可分的关系。即上坂田是坑头溪流经的地域；中坂是坑头溪和大段溪汇合后流经的地域；下坂则是坑头溪和大段溪汇合后又与大洋溪汇合后流经的地域。如果用溪水来解释田石为什么会有那么大的质地和色泽的差别，好像比较容易理解一些。即上坂田石浸润的是百分之一百的坑头溪水，这种水质中某种元素比较浓，所以被浸润的田石比较通透，颜色较淡；中坂田石浸润的是

中坂

百分之五十的坑头溪水，此时水质的某种元素比较中和，所以被浸润的田石比较温润，颜色也比较饱满；下坂田石浸润的是百分之二十五的坑头溪水，此时水质中的某种元素已经较淡，对田石的作用减少，所以被浸润的田石比较凝腻，颜色也比较黝暗，当然各溪的水流量不尽相同，这里不过是个比喻。或许这样才能解释田黄石的成因及上、中、下坂田黄石的区别。

不过，这里又有一个问题，因为田黄石不光是有通体一色的，外部色黄而内部色淡的，不仅有"金包银"的，而且还有"银包金"的，还有乌鸦皮的，这或许是除了溪水浸润的作用之外，还有一个重要因素，就是每一块田黄所处的"小环境"的影响。据寿山石农介绍，挖于白砂砾处的田黄多为银包金，挖于黄砂砾处的田黄多为挂黄皮，挖于黑泥处的田黄多为乌鸦皮，这种说法是否科学，目前无法求证。在田黄石已近绝产，而田黄石产地原始地貌已遭严重破坏的情况下，今后可能也无法求证了，只能将此说法作一记载以备参考。

下坂

田黄产地示意图

北

大洋溪

寿山村

1

2

9

中坂

福州往寿山
入村公路

上坂

下坂

机耕路

碓

碓下

8

大段溪

坑头溪

坑头占

高山主峰

14

3

4

5

7

11

13

15

1. 寿山女神塑像：相传田黄乃系女娲补天用剩的灵石，为整个地球上所绝无仅有，这塑像的主人公应该是女娲娘娘，但因服装不古老，反而使人对塑像主人公的身份产生了疑问。

女神手捧的是名贵的田黄宝石。

2. 五显庙：石农采到田黄即来此烧香叩头，感谢神灵赐福。

3. 坑头溪：两侧为上坂田，溪旁的石块为挖掘田黄的产物。

4. 左边桥洞下为坑头溪，右为大段溪，两溪汇合后称为寿山溪，溪水流经之田称中坂。

5. 大段溪：大段溪虽然也在高山之下，但它流经的水田却不出产田黄，是否是水质的原因呢？左下方的石路为一石桥，上坂、中坂以此为界。

6. 寿山溪：两侧为中坂田，为寻觅田黄，这条路也曾被挖掉一半。

7. 最后二亩地：为保护田黄石，禁止挖掘的最后二亩地。它保留着田黄石的神秘和希望。

8. 中坂田：左下方的溪流为大洋溪，田中已不种水稻，"方便"了人们随时挖掘田黄。

9. 左为寿山溪，右为大洋溪，两溪汇合处尚为中坂，再往下即为下坂。

10. 与大洋溪汇合后的寿山溪开始进入峰峦环抱之中，溪面宽阔，乱石峥嵘。

11. 寿山溪觅宝，但大多数人只能捡到一般的寿山石，寿山溪自此流入峡谷，下游是下坂田。

13. 从通往采石区的机耕路上眺望寿山村，公路下方即为中坂田，公路涵洞下是大洋溪，寿山溪和大洋溪汇合后流经的田地称为下坂田。

14、15. 寿山石农正在挖掘田黄石。

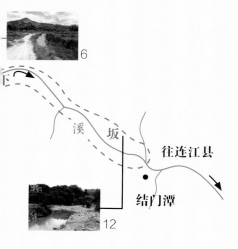

田黄石的种类

在地理上田黄石的产地有上、中、下坂和碓下坂之分，在实际上却不可能将坂与坂之间界定得极其清楚，在各坂的"连接地段"所产的田黄石更是无法截然划分。因此，在收藏家和鉴赏家的眼中则是另一种分类方法，这就是按田黄石色泽的浓淡、石质的洁净和温润程度分类。为此，就有了"田黄"（民国早期尚有人称"黄田"）、"红田""白田"和"黑田"。在所有的"田石"中，以"田黄"为大宗。

田黄原石

　　前排：黄金黄、橘皮红、白田、桂花黄。

　　后排：鸡油黄、橘皮黄、枇杷黄。

　　请注意：它们之中大多没有"格"，而这块白田的"格"也是无色的，并不是如通常所说的白田一定有"红格"。

田黄：

橘皮黄 色如橘皮色。

黄金黄 色浓黄带赤，有如足色黄金，极其明快。

枇杷黄 色如将熟或熟透的枇杷，其质不如黄金黄通澈，但较黄金黄鲜艳。

桂花黄 色比枇杷黄淡，如中秋桂子，色黄而略带粉色调。

鸡油黄 色比桂花黄淡，又比白田稍黄。

熟栗黄 色黄而微褐，如煮熟的栗子。

肥皂黄 色如肥皂，比熟栗黄色淡，似黄非黄，似白非白，或黄而暗，质滞而黝。

桐油地 色如桐油，暗而无彩。

红田：

正红 又称橘皮红田，色似红橘皮，但红得更深更浓，似红琥珀，但比琥珀温婉可亲，更有内涵。

煨红 外层色红如丹枣，表面带有黑色斑块如黑皮，相传为农夫烧稻根时为火烤炙而成，质欠温润。

白田：

色非纯白，为淡黄和淡青之色，质凝腻通灵。

黑田：

纯黑田 色黑赭而透黄气。

灰黑田 黑色较淡而泛灰。

银包金 外白内黄的田石。

金包银 外黄内白的田石。

乌鸦皮 外表附有微透明的黑色石皮的田石。皮不是纯黑，往往微带青绿或灰绿色，又称"蛤蟆皮"。有些则全由黑色的小点组成。

硬田 虽"出产"于水田中，却是质地粗劣，通灵度差的田石。

田黄冻 田石中极其通灵、柔嫩者，就像肉冻、果冻一样，放在手中简直担心它会化掉，其萝卜纹也非常明显，绵密欲化。为田石中的极品。

　　田黄石的颜色都是前人象形取意，十分形象和生动，对我们鉴识田黄很有帮助，但各种颜色的区别颇为微妙，常常介于两种颜色之间，很难判定属于什么颜色。而颜色的判定又影响田黄的价值。这实在是一个令人挠头的问题。至今已出版的著作中以林文举的《薄意艺术》对田黄石的颜色及其区别叙述得最为精致。其对各类田黄石所含的主要色素及色彩纯度、浓度和田黄肌质的通灵度等列表对比，使人一目了然，现抄录如下，以飨读者。

田黄色类	色度	所含主要色素 主＋次＋其他	色形 浓度	肌质通灵度	品级
橘皮红	浓	深红+黄	高	灵、纯	极品
煨红	浓	枣红+黄	高	半通灵	上品
橘皮黄	微浓	黄+深红	高	灵、纯	上品
黄金黄	中	朱+黄	高	灵、纯	正品
枇杷黄	中	黄+赭红	中上	灵	正品
银裹金黄	中	黄金黄+粉黄	中上	灵	中上
桂花黄	淡	枇杷黄+粉黄	中下	半通灵	中
鸡油黄	清	黄金黄+芽黄	高	灵度强	中
熟栗黄	暗	褐红+黄	中下	半通灵	中下
糖果黄	沉	熟栗黄+褐黄	低	微通灵	下
肥皂黄	浊	糖果黄+粉黄	低	灵度弱	下
番薯黄	浊	黄金黄+粉黄	低	微通灵	下

　　从上述可以看出，若以黄金黄或枇杷黄为田黄的"中正之色"，那么，田黄色相的转向大致可归纳为四大类：

　　——由黄渐向红的转化，即红的色素逐渐增加：枇杷黄→黄金黄→橘皮黄→橘皮红。

　　——由黄的主调，逐渐转化，粉质加多，石质逐渐混浊：枇杷黄→桂花黄→糖果黄→肥皂黄；或黄金黄→银裹金黄→番薯黄。

　　——由黄向褐灰或灰黑调转变，色质转灰变暗：枇杷黄→熟栗黄→糖果黄→灰田→黑田。

　　——由黄向清白转换，即黄金黄→鸡油黄→白田，等等。

橘皮黄田黄
薄意云蝠
重50克
郭祥忍 陈达　作

橘皮黄田黄
薄意山居即景
郭懋介　作

黄金黄田黄
茶圣
重46克
黄忠忠　作

黄金黄田黄

薄意山水

重 85.86 克

佚名

枇杷黄田黄

薄意山水人物

黄恒颂　作

桂花黄田黄

薄意山水

重 72 克

佚名

枇杷黄田黄

刘海戏蟾

重150克

叶子贤 作

桂花黄田黄

薄意山水人物

重29克

佚名

鸡油黄田黄

钟馗

重86.5克　旧工

　　此石颜色有浓淡，钟馗为鸡油黄色，小鬼为几近白色，钟馗身上并有长长的水流纹，脚下有明显的红格。

鸡油黄田黄

罗汉

重56克

佚名

熟栗黄田黄
薄意 春江水暖
重 37 克
佚名

熟栗黄田黄
群螭穿钱
重 92 克
佚名

硬田
螯龙
重 66.4 克
王炎铨 作

硬田

薄意竹

施宝霖　作

红田

此块田黄外裹黄皮，皮有厚有薄，厚处皮色极黄，薄处透出底色，作者在皮极薄处雕出罗汉的面部，云纹、山石皆为浅浅地刻画，以减少石头的损失，篆刻处可明显看出包裹的一层黄皮。

红田

薄意自然形"静观"印

重165克

旧工

红田
戏金蟾
重 121 克
冯志杰　作

白田
薄意自然顶章
重 48 克
佚名

白田
白田原石
重 26 克

　　有人曾将白田比喻成羊脂玉一般，这实在是一个误导。羊脂玉是像羊肚子里那种厚厚的脂肪，白润、通灵。白田与之相比，简直是毫无共同之处。所谓"白"者，乃相对"黄"而言，它们大都带点淡黄、带点微青。它们身上的"格"，有些是"色格"，有些则是无色的。

黑田
送子观音
重260克
王祖光 作

黑田的表现形式是多种多样的，但不管外表形式如何，黑中透出黄色是其共性。这块黑田在拍摄时用侧背光就是为了反映黑田中的黄气。观音座旁留有黄皮，也是为了保存田黄石的证据，即所谓"无皮不成田"。其实田黄未必都有皮。

黑田
两情相依
重58.7克
吴略 作

这块黑田与前面的黑田相比，真正像是一块"黑"田了。但是在灯光的照射下还是透着黄气，这在照片中也可以看出来。请注意趴着的那只熊尾部。如果看实物更可以看到其中细密的萝卜纹和红格。

田黄冻
罗汉
重 78.2 克
佚名

田黄冻
薄意竹石
施宝霖　作

田黄冻
福在眼前
重 41 克
陈辉　作

田黄冻

　　田黄冻是田黄石中的珍品，纯净、温粹、通透，萝卜纹绵密细致。

　　"冻"，《辞海》的解释是："汤汁凝成的胶体。如：鱼冻；肉冻。"田黄石中有这种"冻"的感觉的，就是田黄冻。现在有人将些几乎透明的小田石通称为"冻"，这是不确切的，那应该是"晶"，但目前尚无"田黄晶"一说。两相较之，"冻"比"晶"更有内涵。

田黄冻
降龙罗汉
重 135 克
冯志杰　作

银包金田黄
学而不知老将至
重 50 克
冯志杰　作

银包金田黄
薄意人物
重 58.5 克
佚名

银包金田黄

　　田黄石中外表包裹着一层白色皮，肌理为黄色，好像煮熟的鸡蛋，黄、白色层分明，俗称"银包金"，在田黄中十分珍罕。

金包银田黄

薄意梅花

佚名

金包银田黄

金包银田黄

　　与银包金相反，金包银是白田石外部包了一层黄色的外壳或皮层，这种皮壳有的是薄薄的一层，并不一定包裹整个白田内心，有的则较厚。图中的薄意梅花即为厚的一种。据说金包银比银包金还要罕见。这张照片先后照了两次：一次是刚锯开时，一次是四年以后。锯下的薄片经人触摸后颜色及温润度已发生了明显的变化。

乌鸦皮田黄

薄意山水人物

重 205 克

佚名

乌鸦皮田黄

　　乌鸦皮田黄，是指田石外皮挂黑色石皮者。其皮厚薄不均，多寡不等，浓淡变幻。有的呈细点状，如云似雾；有的呈斑块状，错落参差。在艺术加工上常为雕刻艺术家利用，而产生化腐朽为神奇的效果。

乌鸦皮田黄

薄意竹林七贤

重 275 克

郑世斌　作

田黄石的鉴识——传统方法

田黄石虽然在清初就受到雍正皇帝和乾隆皇帝的激赏，被作为宝物赏赐给王公贵族，被篆刻成宝玺，并取得了"石中之王"和"石帝"的崇高地位，但那时对"田黄石"的鉴定标准是什么，历史文献都没有记载。到了民国时期，出版了三本研究寿山石的专著，才有了对田黄石的鉴定标准。

成书于1933年的《寿山石谱》，作者龚纶，他首次披露了田黄石的产地："田石所产地，散在寿山乡一带水田底古砂层上，然非凡属寿山乡之田皆出田石也，其田不经寿山溪灌溉者，既隔丘上下竟无所产"，"产于山溪或溪岸者，名溪坂独石，质坚致而不通灵，间有水纹，肤黄水白"；"产于上坂田者，质较粗"；"产于中坂者，上上"；"其有作桐油地，挂皮带玄白色者，则出于下坂田，品稍劣"；"碓下坂所出，色似秋桂黄一种，质亦次于中坂"。

在龚纶先生的著作里，他首先言明了田黄石的产地分上、中、下和碓下四坂以及各坂所产田黄的大致特征。并特别说明，田黄石"所值，既视其色之深浅、明暗、纯驳而定"，"石之材以方、高、大为贵，石之质以净、腻、莹为美"。他虽然提出了中坂田"上上"，却又没有提出具体的标准，所幸的是他将田黄石与寿山其他名石作了比较，他说能与田黄"差可比肩者：芙蓉坑、都成坑、

无皮的田黄 抚狮罗汉　重55克　林东　作

　　此石无皮无格。田黄石的"无皮不成田""无格不成田"在生意场上和鉴赏界已被人们传了许多年,几乎成了某些人鉴定田黄的绝对标准。其实上好的田黄却是无皮无格的。田黄石因为生成的环境不同,外观也绝不可能千篇一律。鉴识田黄石还是要从多方面入手,千万不可一叶障目,囿于一些不科学的理论,而同一些上品田黄失之交臂。

坑头冻三者而已。然,坑头冻有其莹澈,无其温粹;都成坑似其温粹,欠其凝腻;芙蓉坑得其凝腻,逊其莹澈"。在这里龚纶先生实际上给我们界定了"上上"田黄的标准,即兼具莹澈、温粹、凝腻于一身。

　　龚纶先生同时指出"挂皮带玄白色者"出于下坂。上坂、中坂是否出产带皮的田黄,他没有说,但至少我们可以这样认为,那时上、中坂出产带皮的田黄较下坂要少。如果我们见到了没有"皮"的老田黄,那倒很有可能是清代或民国年间上坂或中坂的产物。

　　在龚纶先生之后,张俊勋先生于1934年出版了《寿山石考》,他除了重申"以其田有无受溪水所灌溉为田石有无之标准"及"中坂最贵"之外，还将田石的产地打乱，在颜色上分出高下，其标准为"色首橘皮黄、次金黄、桂花黄、熟栗黄"。他还首次提出了田黄"中牵萝卜纹"这一重要发现，使之成了鉴识田黄石的绝对标准，即"无纹不成田"！

无皮的田黄

蝉　田黄冻　重50克　冯志杰　作

这也是一块没有"皮"的田黄，有位石雕作者曾告诉笔者，没有皮的田黄石约占田黄总数的百分之一。如此看来，没有皮的田黄应该是更名贵才对。只是因为无皮的田黄少之又少，才出现了"无皮不成田"的理论。

在这之后的1939年，陈子奋先生出版了《寿山印石小志》，将各坂所产的田黄作进一步说明："上坂近坑头，所出田石质灵而色淡，仿佛黄水晶"；"中坂则质嫩而色浓，石之标准"；"下坂地接连江，在都成坑下，质凝腻多作桐油色……"陈子奋先生还指出："田石质极嫩，中有萝卜纹，间生红格或裂痕，乡人所谓无格不成田也。""色分黄、白、红、黑四种"，和田石有"黄皮、黑皮、白皮"。

陈子奋先生是福州近代著名的金石家，较之龚纶、张俊勋二位先生而言，他对田黄的认识，投入更多的自身实践，因此他的著作更具影响力。在《寿山印石小志》中，他第一次较全面地提到了田黄"中有萝卜纹"，"间生红格或裂痕"，"色有黄、白、红、黑四种"，而且还有黄、黑、白色的石皮。这就是今天人们耳熟能详的所谓"无皮不成田""无纹不成田"和"无格不成田"的鉴定田黄的三个重要标准。

有黄皮的田黄

刘海戏蟾

田黄冻 重110克 林东 作

从图片上我们可以看出石上的皮有一定的厚度。

但是值得注意的是，陈子奋先生的著作只比龚纶、张俊勋先生的著作晚了四五年，为什么龚、张二位先生都没有提到"格"这样的标准呢？有一点是特别要提及的，这就是龚纶、张俊勋二位先生的著作，有关"品类识别"方面的知识，都是听精于寿山石赏鉴的"彝鼎斋"主人陈宗怡口述而分别整理的。龚纶在《寿山石谱》中记述："其品类识别，则彝鼎斋主人陈宗怡口述而笔之。宗怡盖食于寿山石五十年者，其所称引，殆靡迷罔，而修辞主乎立诚，固舍敢为景响之谈，以疑误来者。虽小道乎，博物君子，倘有择尔。"张俊勋在《寿山石考》中则称赞："宗怡精鉴别，目之所及，乱真者唏。手之所触，谋伪者败。"这么一位"食于寿山石五十年"的经营者兼鉴赏家，是不太可能对田黄的"格"这么一个明显的特征忽略不记的。那只有一种解释，就是时间过了几年，经过人们拼命的挖掘，无皮无格的田黄越来越少，石农就把原先不被重视的有格、有裂痕的田石都挖出来了。在书中，陈子奋先生特别注明说是："乡人所谓无格不成田也"，即最早提出田黄要有格的恰恰是田黄石的"供应者"——"乡人"。而且紧接着陈子奋先生加以强调说："格为石病，有格者自非上品！"在这里陈子奋先生传递给我们一个明确无误的信息，即"无格不成田"是一个商业化的产物。

1982年，又出版了一本研究印石的著作，对田黄石的鉴定提出了一些新的见解，这就是石巢先生的《印石辨》。在该书中，石巢先生首次提出了石之六德，即"细、结、温、润、凝、腻"。并提出田黄石萝卜纹有六种表现形式，为鉴识田黄石提供了进一步的参照标准。

石巢先生特别强调"六德"，是因为他认为只有上好的田黄石才能兼具"六德"，而其他寿山石最好的也只能达到"五德"。用"六德"作为标准，其他石头就根本无法冒充。

有黄皮的田黄
薄意唐人诗意
林文举　作

　　这块石头的皮与前一块不同，似乎是由外往内逐渐渗进去的。作者巧妙地将皮"剥"去一部分，又薄薄地留了一层雾状的部分，既展露了田黄石的丰采，又将诗中夜半月下的朦胧气氛作了很好的阐释。

细：就是质地细密，指石分子的颗粒极细小，如婴儿之肤，用放大镜都看不出颗粒。上等的田黄石内除了萝卜纹，没有一丁点杂质。

结：就是石分子结合紧密，石结则光泽好，入手有滑感。

温：是指如玉之蕴，有宝气，观其外表即与人相亲。

润：是指如石内生泉，在手心里握一会，石头就布满细小

有黄皮的田黄

招财进宝　佚名

田黄据说除少数通体一色，被称为熟透了外，大多数都是外浓而内淡，并且还有一个渐变的过程。田黄"皮"的形成也是因所处的"小环境"，并根据不同的环境产生不同的皮，或者不产生皮。这块田黄的皮就不光是游离于内部的一层，它还有渐变，并对内芯产生影响。

的水珠，有如露之欲滴。

凝：就是凝灵，有一种通灵感，石凝灵即如半透明的冻状。

腻：是指肌理油溢，用手稍微摩挲一会，就像往外冒油一样，有如油之欲滴。

我们完全可以这么说，"六德"是石巢先生在总结了前人的研究成果和其后数十年人们对田黄石新认识的基础上提出的，"六德"的提出对人们认识田黄石起到了极其重要的作用。

石巢先生的另一重要贡献，在于他将前人提出的田黄石有"萝卜纹"的笼统概念，加以具体分析，提出了田黄石萝卜纹的六种表现形式：

第一种，是像萝卜皮内的纹理。网状而且长眼，且由密渐疏，有这种纹理的田黄石，是最灵凝的田黄石。

第二种，是像粽粒状，即如用糯米和碱做成的粽子蒸熟后里面米粒似化未化的形状。这种萝卜纹有时散成条纹状。

第三种，网状，即如网眼，较第一种形状圆，又断断续续分散。

第四种，如萝卜内心的纹，亦似冬瓜内心的纹，呈不规则的大网眼状，或明或暗，或粗或细，或似从石外表渗透状。

第五种，水流纹状。

第六种，基本上不见萝卜纹，仅间有少数疏网状纹而已。这种田石极少见，是田石最凝灵者之一。

从这些前辈先生的著述中，我们完全可以得出这样的结论：田黄石有些有石皮，有些没有石皮，没有石皮的往往更难得。所谓"无皮不成田"是不成立的。田黄石有些有格，有些没有格，没有格的田黄更难得。如果发现是没有"格裂"的田黄，那一定是早期挖掘的田黄。所谓"无格不成田"完全是生意人的话。如果人们在购藏田黄时，囿于以上的悖论，那就会进入误区。但是有一点却是必须要牢牢记住的，那就是"无纹不成田"，萝卜纹是田黄石必须具备的绝对条件，没有萝卜纹就不会是田黄。但是在记住"无纹不成田"这句话的同时，我们还应记住张俊勋先生的另一句话："高山掘者间有萝卜纹，凿者一、二洞亦有，固不限田黄也。"

有黑皮的田黄

无忧无虑　　重130克　　林东 作

田黄的"乌鸦皮"也是各种各样的，像这块田黄石的乌鸦皮就是有深有浅，有厚有薄，有的地方甚至一点皮都没有。还是那句老话，大自然是神奇的，田黄石的表现形式是多样的。田黄石中有厚皮、薄皮和稀皮，依笔者的理解，"稀皮"是不成片成块连在一处的，这块田黄石的皮有厚有薄、时断时续应该是一种"稀皮"。

这就是说：田黄必须有萝卜纹，但有萝卜纹却不一定是田黄！

在科学技术不发达的时代，传统鉴定田黄的方法曾经影响了几代人，至今仍然是我们鉴识田黄的重要依据。不过，这种鉴定的方法也有其局限性，一是标准难以把握，人为因素太重，往往因鉴定人员的素质、知识、精力、心情而会对鉴定结果产生影响。如果碰上一个心术不正的人，还会指鹿为马，坑蒙拐骗。二是缺少权威性，往往对一块田黄石的鉴定结果是张三说是，李四说非，让人无所适从。笔者一位朋友曾参加了海峡两岸诸多博物院参与的大型画册《中国印石》的编辑工作，他告诉笔者一件颇值得回味的事：杭州西泠印社有一方印石，西泠印社的人认为是田黄，台湾人认为不是田黄，争辩到最后差点弄得不愉快。双方都是"高手"，究竟应该相信谁呢？这充分说明了传统的"目测"方法在田黄石的鉴定中地位是何等的不牢固。

最可怕的是笔者曾见到一块塑料冒充的"田黄"，先是在南方的一次拍卖会上亮过相。时过一年，又出现在北方的拍卖图录上，底价竟然是人民币 13 万 ~ 18 万元。其实，塑料冒充是很容易鉴别的，首先它绝无田黄石那种温润凝腻的感觉；其次，"人造"的东西身上必然有小的气泡，用放大镜在强光下检查，肯定能够发现。

然而，它竟两次躲过了拍卖行鉴定人员的眼睛。如果田黄石的检测，除了现有的传统鉴别方法外，再加上科学检测，用测比重、X 线衍射和红外光谱分析的方法，就会立即使其无可遁形。

随着科学技术的发展，造假的手段也将越来越高明，假冒的"田黄"可能更能欺骗人的眼睛，因此，对田黄石作科学的检测也将变得越来越重要！

有黑皮的田黄

薄意达摩长方章

乌鸦皮田黄

佚名

多色皮田黄

　　这是一块很特别的田黄，有三种"皮"，黑色的皮、淡黄色皮和一层如云似雾的白皮。田黄的皮是多种多样的，有的很厚，而有的却像是一层蒙蒙的细雾，全由小点组成，就像这块田黄中的白色部分。

三色皮田黄

云蝠图

佚名

三色皮田黄
荷塘清趣
重 216 克
冯志杰　作

多色皮田黄

　　田黄石"皮"的产生，应该是与田黄石所处的"小环境"息息相关的，往往一定的环境产生一定的"皮"。但这块石头却有黑、白、黄三种皮，难道是它在生成的过程中曾"三择其居"吗？至少，我们从目前的理论中无法解释，因为以往人们都认为白皮（银包金）是上、中坂的产物，黑皮（乌鸦皮）是下坂的产物，这块田黄总不至于迁徙那么远吧！但不管怎么说，这种稀有性是十分难得的。

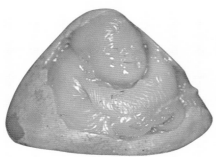

厚皮田黄
渔童
重 50.54 克
佚名

厚皮田黄

　　田黄有的没有皮，有的有皮，而皮也是多种多样的，有白皮、黄皮和黑皮，有厚皮、薄皮和稀皮。这块田黄的皮应该属于厚皮的一种，有1毫米厚，像一层鸡蛋壳，外表并不吸引人，但是剥去外表即现出温润细腻、萝卜纹绵密的内芯。

厚皮田黄
东方朔
佚名

大观园

重 830 克

林文举　作

稀皮田黄

　　这是一块稀皮田黄，皮有的地方厚，有的地方薄，而且东一块西一块，呈不规则的分布。作者在刻画人物、竹树和楼台亭阁时，巧妙地将皮的厚薄加以利用，完美地表现了所作对象的质感。

春酣

重 100 克

郑世斌　作

无格的田黄

　　此石无"格"。"无格不成田"这句话已被田黄石收藏界讲了好多年，而且已成了某些人鉴识田黄的标准。其实，田黄并不一定非得有"格"，更重要的是：无"格"的田黄往往更为珍贵。

龙凤呈祥

田黄冻

重 50 克

洪天铭　作

无格的田黄

　　此石无格，萝卜纹绵密细致，通灵欲化。田黄的萝卜纹的表现往往并不全同，有些是整个石头都处在一种纹理的神奇变化之中，有些则要仔细寻找才能在局部地方看到。两相比较，萝卜纹明显者更有灵气，这块石头正是这样。

田黄石"格"的几种形态

　　田黄石有"无格不成田"之说，其实，从严格意义上说"格"实在是一种石病。在龚纶、张俊勋的著述中均未提及"格"。1939年陈子奋在《寿山印石小志》中第一次提出："乡人所谓'无格不成田'也"，这种论调是在无格之田日见难得的情况下出现的生意话，人们大可不必当真，以免囿于悖论，放走好的田黄。但有"格"，毕竟是田黄的一种现象。兹录数种田黄"格裂"供参考。

九狮钮鸡油黄田黄

重 157 克　佚名

有颜色的"格"

　　这是一条"色格"，呈棕红色，是外部物质渗入石内产生的现象。这条格比较"干净"，没有往两边继续渗入的情况。

蟠虎
田黄冻
重 19.09 克
佚名

无颜色的"格"

这块田黄冻的"格"是没有颜色的，只是一条小"裂缝"。

王敬之讲田黄

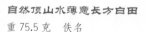

自然顶山水薄意长方白田
重 75.5 克　佚名

有黄色"格"的白田

在一些介绍田黄的著述里，多强调白田中的"红格"，但在这块白田中，我们看到的却是"黄格"。请记住，田黄的"格"，表现形式是多样的，千万不能墨守成规。

瑞兽钮椭圆鸡油黄田黄
重 49.4 克　佚名

有渗透现象的"格"

这条格原是一条很明显的裂纹，后因外部物质渗入，变成了一条"色格"，从图中我们可以清楚地看到格两边颜色深浅的变化，"格"没有经过的地方，石色就很淡。石内的黑点，是瑕疵。有的人认为，田黄石内不应有瑕疵，这是不确切的。"格"和瑕疵都是石病，没有这些石病的田黄更更见名贵。

之所以选了这块田黄是因为它具有典型性，人们可以从中认识到田黄的多样性。

"无纹不成田"——田黄石的绝对标准

如果说"无皮不成田""无格不成田"是不绝对的话，那么"无纹不成田"，即没有萝卜纹就不是田黄，却是绝对的。田黄石萝卜纹的表现形式是多种多样的，在已出版的著作中，《印石辨》的解释最具权威性，至今未见超出他的著作。

罗汉
田黄冻
重 78.2 克　佚名

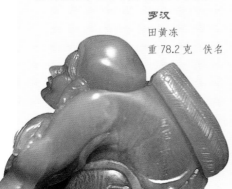

"萝卜皮层内纹理"状萝卜纹

《印石辨》介绍田石萝卜纹的第一种是："似萝卜皮层里纹理，网状而长眼，且由密渐疏"，他还特别强调："这种石质常常最凝灵。它是在形成叶腊石时质变较彻底而成块状，也就是质较纯。"（笔者谨按：限于科学研究的局限，1987 年之前，一些学者都认为田黄石是叶腊石，1987 年之后经过许多科学家检测分析，最终认定了田黄石的主要矿物成分是地开石。）这种田黄石极其少见，其萝卜纹往往呈金丝状，非常美丽。请注意左侧这块田黄冻罗汉的腿部。

"如粽粒状"的萝卜纹

　　《印石辨》介绍田石萝卜纹的第二种形态是："如粽粒状，即五月五日人们用糯米和碱做成的粽子蒸熟后里面米粒似化未化的形状。这种萝卜纹有时散成条纹状。"有人则将其形象地比喻成橘囊状，即如将橘瓣翻转后的一粒一粒橘囊状。据说有这种萝卜纹的田黄，一般形成的时间较长。

平顶六面方窖蜡黄田黄
重 27.2 克

　　这方田黄的纹呈条纹状，确如粽粒之欲化，仔细观察，这种浅色的条纹还有细微的变化，极其美丽。

平顶六面方窖蜡黄田黄
重 40.8 克

　　这方田黄说是如粽粒之将化欲化，莫如说是天空的白云，变幻莫测，几乎是无迹可寻。这种田黄形成的历史较久，如今已是难得一见了。

"网状"的萝卜纹

《印石辨》介绍田石萝卜纹的第三种是:"网状,即如网眼,较第一种形状圆,又断断续续分散。"我们选了四种不同表现形式的网状萝卜纹,并加以说明。

山水薄意白田

重 325 克　佚名

图中网眼历历分明,石中深色处有浅色,乃系外部原因形成的佐证,是造化创作的神奇。

五福捧寿长方章

郭功森　作

此石下浓上淡,顶部已呈灰色,纹似网状,网眼有大有小,疏密不一。

请注意,此章同时又是一块乌鸦皮田黄,皮呈细点状,如云似雾。

瑞兽钮椭圆熟栗黄田黄

重 22 克　佚名

　　图中可见网眼的大小疏密，网呈金丝状，网眼内的石质特别通灵，且色略深。石上有几处黑的瑕疵。

螭钮椭圆熟栗黄田黄

重 35.6 克　佚名

　　图中可见网眼有大有小，疏密不匀，网呈金丝状。

"如萝卜内心"的萝卜纹

这种纹如萝卜内芯的纹，是石巢先生在《印石辨》中介绍的第四种萝卜纹，请看右图真萝卜横切面的萝卜纹。看了真萝卜内芯的纹，就能了解田黄的萝卜纹是怎么回事了。

瑞兽钮田黄章　佚名

请注意这两块田黄的纹理，都是呈丝纹状，极似萝卜的横切面。

田黄佛像（底部）

重 51.38 克　佚名

"水流纹状" 萝卜纹

《印石辨》介绍的第五种萝卜纹是"水流纹状"。这种纹有时是单独出现，即石头上仅有一凝灵的冻状水流纹，而无萝卜纹。有的则是重复出现，有水流纹同时也有其他形态的萝卜纹。图中的是后一种的水流纹。

螭环钮长方窨蜡田黄

重 16.8 克　佚名

这块田黄的纹，既有细密的丝纹状萝卜纹，又有水流痕状的萝卜纹。水流痕处呈冻状，极为灵凝。螭身上的深色处，不是瑕疵，是外部物质渗入造成的"色格"现象。

平顶长方熟栗黄田黄

重 96.5 克

这块田黄的水流纹呈冻状，但冻状中又有非冻状的纹理，明灭深浅，变化万端，真令人惊叹造化的神奇。

"疏网状纹"

《印石辨》介绍的第六种田石萝卜纹，十分奇特，是"基本上不见萝卜纹，仅间有少数疏网状纹而已"。但是，"这种田石极少见，是田石最凝灵者之一，宜慎从质辨之，否则易弄错"。其实，对田石的辨识除萝卜纹外，还要以"细、结、凝、腻、温、润"这"六德"细加品味，才不会出现鉴识上的错误。

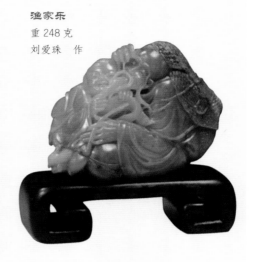

渔家乐

重 248 克

刘爱珠　作

多种形态共存的萝卜纹

长期以来人们大多认为每块田黄石的萝卜纹都只是一种形态，其实并不尽然，台湾出版的《芝田石印选》中有一块重 1035 克的橘皮黄田黄，其萝卜纹就极其丰富，撰稿人对它的描述是："肌理含萝卜丝纹，聚散疏密不一，或绵密欲化，或条理有序，或成织网状，或成棉絮状，极耐人寻味。"此块田黄内的萝卜纹亦是如此。

薄意山水人物

田黄冻　重 94 克　佚名

田黄石的鉴识——科学方法

自 19 世纪中叶至 20 世纪初期，国内所有地学专家对寿山石的研究，都是认为寿山石的矿物成分是叶腊石，田黄石的矿物成分应和它的母石一样，也是叶腊石。石巢先生的《印石辨》就完全承袭了这种观点。但是，随着科学技术的进步和矿物检测手段的提高，人们有了新的发现，蕴藏在寿山乡群山中的寿山石矿并非全是叶腊石，还有高岭石、地开石以及伊利石。

田黄石的矿物成分是什么呢？

1987 年在福州举办了"中国田黄石理论研讨会"，在会上，中国地质科学院专家王宗良先生发表了《田黄石的矿物组成及色彩机理初探》的论文。王先生对福州雕刻总厂提供的一块标准田黄进行了 X 射线衍射 (XRD)、红外光谱分析 (IR)、透视电子显微术 (TEM) 和 X 射线能谱 (EDS) 分析，得出田黄石的主要矿物成分是由纯净的、典型的 2M.1 地开石组成，其中含有极少量的辉锑矿。

至于田黄石特有色泽的赋色原因，王宗良先生认为是由于地开石和辉锑矿原共生于低温热液矿，而后辉锑矿在长期表生作用下，转化为锑的氧化物。这种锑的氧化物在特定的水田环境中，在地下水的作用下对地开石浸润，使地开石集合体染色。同时在表生作用下，田黄石中所含氧化铁也对地开石浸润，使其染色。

田黄原石
　　这就是福州雕刻总厂提供给王宗良先生作科学检测的田黄石，石呈卵形，冻状，萝卜纹明显，而且既没有皮，也没有"格"。

非常可惜的是，王宗良先生本人因事没有参加这次研讨会，其论文由他人代为宣读后也留给了研讨会，而没能带还给王宗良先生，因此，最终未能公开发表。这件事直到笔者编撰本书时，才从王宗良先生处获悉。所幸的是王先生的这一重要见解，得到了海峡两岸的田黄石收藏家和鉴赏家的认同。方宗珪先生在《寿山石全书》及他所有的著述中都不余遗力地将这一科学成果加以推广；台湾出版的《中国文物世界》也发表认同这一观点的文章；福建美术出版社出版的寿山石大型画册《八闽瑰宝》也采用了田黄石的主要矿物成分为地开石的说法。

1988年，任磊夫先生发表《田黄宝石的矿物学研究》认为，田黄石由地开石或珍珠陶石组成。

1996年，崔文元先生发表《田黄及其鉴别研究》，认为田黄石主要矿物成分是地开石，田黄冻的主要矿物成分是珍珠陶石。

1999年，汤德平、郑宗坦先生发表《寿山石的矿物组成与宝石学研究》，他们对众多的寿山石作了科学检测，发现田黄石有的是纯净的地开石，而有的则是除地开石外，还含有其他的矿物成分。他们同时发现不少高山石、坑头石和都成坑石都是纯净的

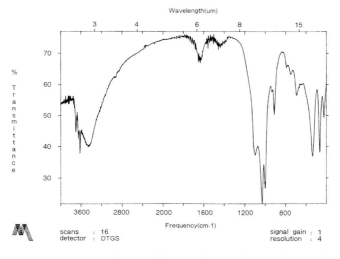

Wavelength(um)

% Transmittance

scans : 16   signal gain : 1
detector : DTGS   resolution : 4

地开石的红外光谱图

王敬之讲田黄

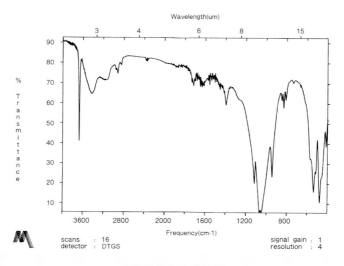

Wavelength(um)

% Transmittance

scans : 16   signal gain : 1
detector : DTGS   resolution : 4

叶腊石的红外光谱图

鉴定结果
Result of Identification   No. ZX9810128

田 黄 罗 汉

形 状 Shape	长眉罗汉	颜 色 Colour	桔皮红色
总 质 量 Total Mass	78.20g	密 度 Density	2.59 g/cm³
折 射 率 Refractive Index	1.55(点测)	双折射率 Birefringence	88888
光性特征 Optic Character	非均质集合体	多 色 性 Pleochroism	无
吸收光谱 Absorption Spectra	88888		
内部特征 Inclusions	罗卜纹明显。		

紫外荧光: 长波 88888   短波 88888
UVF   LW   SW

特殊检查 红外光谱合格 注 主要矿物组成:地开石
Special Test   Remarks

鉴定者 [签名]   校核者 [签名] 夏安宁
Identifier   Reviser

98年 10月 12日

珠宝质检部门出具的"田黄鉴定证书"

地开石，但颜色却无一例外地比较杂，如灰白色、暗灰色、灰黑色、褐红—粉红色、灰黄—紫红色、浅紫红色，等等。

2000年高天钧先生撰写《寿山奇石称瑰宝》一文，作者系福建省地矿厅的专家，亲自参加过对寿山石矿的考察、勘测，他对田黄石的认识是："组成田黄石的矿物有珍珠陶石、地开石，大部分田黄石为复合型，含微量伊利石。"他在文章中同时还指出："地开石型是优质寿山石的主要类型，主要产于高山、都成坑、坑头、及上、中坂一带。""寿山石中的地开石颜色主要为灰白色、白色、肉红色。"

汤德平先生和高天钧先生的研究，告诉我们一个十分重要的事实，即在寿山石的母矿中虽然有地开石，但是它们却大多是灰白色、肉红色或其他较为斑驳的颜色。在实际收藏中，我们要想在高山石、坑头石和都成坑石中找到颜色纯正的大块石头也非常困难。但是作为主要矿物成分为地开石的田黄石，颜色却是纯净度极高的橘皮黄色、黄金黄色、枇杷黄色和桂花黄色等，这对田黄石赋色的原因系地开石在土壤中受到田土的蕴藏、溪水的浸润、有机酸的渗入，是一个有力的旁证，同时也为我们鉴识田黄石扫清了许多障碍。

根据以上地矿专家的研究，我们至少可以得出这样的结论，田黄石主要矿物成分应该是地开石，如果主要矿物成分是珍珠陶石，那就一定是高品位的田黄石。

笔者是田黄石应建立科学鉴定的忠实支持者。因为科学鉴定能减少人为的因素，科学鉴定能建立令人信服的标准。试想如果有了科学的标准，台湾的田黄专家和西泠印社的田黄专家会发生争论吗？如果有了科学的标准，那块"塑料"田黄能两次混进拍卖行吗？

当然科学检测也有"弱项"。红外光谱分析是只管成分，不管外观，哪怕颜色相差十万八千里，不管你是高山上的灰白色地开石还是田石中的黄金黄地开石，"光谱"完全是一模一样的。最令人害怕的是近年在浙江昌化出产了一批外表颇像"掘性独石"的昌化黄石，其矿物成分也是地开石，如果仅以矿物成分作为鉴识田黄石的唯一标准，那就必将马失前蹄。因为昌化黄石不乏大块的，在以"克"论价的田黄石交易中，一着不慎，就会血本无归。当然昌化黄石的"二次生成"环境和田黄石截然不同，它不具备寿山坑头溪水数百万年的浸润，缺少"细、结、温、润、凝、腻"这"六德"。问题是这"六德"又不是任何人都能掌握的，不管怎么说，它都只能是一个"软标准"。关于"昌化黄石"的辨伪，我们将在下一章里作详细的叙说。

鉴于田黄石鉴定的复杂性，最科学的办法就是将科学检测和传统鉴定方法结合起来，而以传统鉴定为"前期鉴定"，如果我们拿到一块石头，它具有田黄石的一般标准，石质纯净、通灵，有萝卜纹（有些原石大多呈卵状，有些还有皮、格），放在手上稍微玩一玩，就油光四溢，这就首先可以肯定它是一块好石头。这时再作"后期鉴定"，进行一次红外光谱分析，确定它是不是纯净的地开石或珍珠陶石，如果是，那就必是田黄无疑！

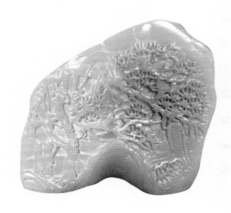

人工合成的假田黄

曾两次躲过鉴定人员眼睛，以人民币10余万元的价格出现在拍卖图录上的"人造"田黄。

人造的假田黄，其实是不难鉴定的，首先它没有田黄的密度，重量不对；其次它没有田黄那种温润度。像下面的这块小田黄，只有14克，但照片经得起放大。从照片上都能看出它的高贵本质。两相比较，真伪立判。

螭虎穿璧
田黄
重14克
刘爱珠　作

田黄石的辨伪

清人毛奇龄在《后观石录》中记述寿山石,"石益鲜,价值益腾,而作伪者纷纷日出,至有假他山之石以乱真者"。田黄石自登上"石中之王"和"石帝"的宝座之日起,价格就日益升腾,据清人陈亮伯《说印·说田石》记载,他初入京师时,田石价"每石一两,价自六两至十五两而止",后价至"每石一两,换银四十余两"。崇彝《说田石补》也说:"比年田黄之价,继长增高,较诸十年前何止倍蓰",并举亲眼所见:一枚双狮钮方体田黄印"七两之石,竟得价二千数百元";一枚长方六面田黄印"重不过一两四钱,闻估人竟以二百五十元竞取之"。按当时黄金价格每两一百银元计,真正是达到"一两田黄三两金"了。

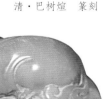

辟邪钮长方章

清·巴树煊 篆刻

都成坑

都成坑,一名"杜陵坑""都灵坑",产于高山东南偏北约2千米的都成坑山中,石质坚硬通灵,光彩夺目,石色表里如一,永不变色。两石相击,声响如玉,刀刻有声。都成坑有掘性和洞产两种,前者挖掘于土中,质细洁、不透明、纹如牛毛,温、润、腻的感觉不够。后者中的黏岩都成光泽感很强,但黏岩的一边含有细砂点。

利之所驱，必定会使"作伪者纷纷日出"，可以说从人们认识到田黄石的价值之日起，田黄石的收藏家和鉴赏家就一直被"假冒者"所困扰。据清人郭柏苍《葭跗草堂集》记载："连江黄，出连江，似田石，色黝质硬，油渍即黝。宦闽者误以田石珍之。"

三飞鉴
郭祥忍　作

其实，连江黄在冒充田黄石的"石种"中，是比较差的石种，算是比较容易识别的，连它都能让那些到福建做官的外地人大上其当，那些好的寿山石品种就更不用说了。因此，面对这些"纷纷日出"的"李鬼"们，对田黄石的辨伪工作，愈来愈成为人们十分注重的课题。

龚纶先生和陈子奋先生在他们各自的著作中，尽管没有明确提到辨伪一事，但他们在记叙某些石头的特征时，多次提醒读者，这些石头容易和田黄石混淆，以及和田黄石的区别。石巢先生则列举了十四种能冒充田黄的石头。方宗珪先生和林文举先生也提出了十余种易与田黄相混的寿山石。根据以上诸位先生的筛选，大约有：坑头、黄冻、都成坑、掘性高山、鹿目格、善伯洞、碓下黄、溪蛋、连江黄、牛蛋黄这么几种。历史上还有过"他山之石"的朝鲜石冒充田黄石，现在时过境迁，恐怕想找一块当初冒充的朝鲜石，比找一块田黄石还要困难了。

应该说，只要对田黄石有些了解的人，对这些石头是不难辨别的。它们或许是卵形石状；或许有红色格裂；或许是颜色发黄；

薄意菊花方章
掘性高山
林清卿 作

黄高山石
（掘性高山石）

高山石中纯黄色的石头称黄高山，有洞产和掘性两种，其中佳者莹洁通灵，可与田黄媲美，唯石质稍松，温、润、腻不如田黄。

或许是透明度不好；或许是有似是而非的萝卜纹，有一点和田黄的某一特征相仿。但田黄石是所有特征构成的整体，只要我们仔细找出它们不像田黄石的地方，找出它们的致命弱点，就能立即抓住这些"李鬼"的尾巴。如：

坑头石： 石内中有俗称"虱卵"的白点。

黄冻： 石头太通透且没有萝卜纹。

都成坑： 石内往往含细砂点，敲之有金石之声。

掘性高山： 石质细而松软。

鹿目格： 石内往往有红褐色透出，且没有萝卜纹。

善伯洞： 强光下可见石内有金属细砂点，闪闪发光，俗呼"金砂地"，还有粉白色块，似捣碎的花生，叫花生糕。

碓下黄： 石内有粉黄点，似洒金笺纸。

溪蛋： 是芙蓉石的石性，它的矿物成分是叶腊石。

连江黄： 干燥易裂，纹粗且直，往往形成一条一条的深浅色块。刀刻石质异常脆硬，石屑呈颗粒状。矿物成分是伊利石。

牛蛋黄： 石内含砂点，没有萝卜纹。

这是从外观上讲，如果用红外光谱分析，它们绝大多数矿物成分都不是"地开石"！因此也就不可能障人眼目！目前最值得注意的，倒是一种"他山之石"，这就是产于浙江临安的"昌化黄石"，这种石头原为开采鸡血石时废弃的石材，丢在半山腰上，后来被山上流失的泥土覆盖，逐渐受到雨水的浸润，其"历史"不会超过对鸡血石开采的历史。如果用福州人的话说，它应该叫"掘性昌化"。它最迷惑人的地方，是矿物成分和田黄石一样是"地开石"，如果仅仅用红外光谱分析的办法，就会受其蒙骗。这就要结合传统鉴识田黄石的方法加以鉴定，用田黄石的"六德"标准加以衡量。"昌化黄石"没有田黄石那种得天独厚的"二次生成"条件，因此也就不可能达到田黄石莹澈、温粹、凝腻的境界。有经验的雕刻家就发现它的"刀感"没有田黄石的"刀感"好，要硬、涩一点。如果用小刀在它的平面刻一下，露出的质地是白乎乎的，要摩挲好一会才能恢复本色，而且迎光看视，被刻的部分有小小的结晶闪闪发光，而田黄石则绝对没有这种现象。"昌化黄石"的石质也较粗、较松，用放大镜观察可见肌理内有浅色的小点及杂质。即使用1600号的水砂纸将其表面打磨得十分光洁，

玄武钮章（高山石）
洪鹄 作

　　石头很通灵，照片正面的颜色凝结若冻，也很迷人，但另一面颜色则较淡，仔细观察，可见石中有细小的白点，不若田黄纯净无瑕。

用放大镜观察仍能看到石头平面的坑坑洼洼。如果掌握了这些鉴别的方法，应该说"昌化黄石"也是冒充不了田黄石的。

此外，据说还有用寿山黄色的"水洞高山""嫩嫩洞高山"中质地通灵有类似萝卜纹纹理的，琢磨成卵形，放置在杏干水中煮一昼夜，趁热取出放木炭火上烤干，再用藤黄擦其皮，如此反复数次，就俨然成了一块"田黄"，但只要用小刀一刻，立即露出麒麟皮下的马脚——石头颜色的表里不一致。

近年还有用环氧树脂和胶水拌石粉冒充田黄石石皮的，多以薄意雕刻的面目出现，其质粗劣，让人一望而知其伪。

还有一种据说用高压锅煮的办法染色的，笔者一直在搜求这样的"标本"，但至今未见。这种制假办法被传得很神，有的石商还煞有介事地说什么第三代、第五代的。但据笔者所知，翡翠的B货和伪古玉的假沁，都是以破坏材料本身的结构为代价的。这样制假的"田黄石"，要么浑身蜘蛛网状纹，要么颜色只是表面一层。应该说也是不难鉴别的。

张俊勋先生在《寿山石考》中特别写了《辨识》一章，他的话对我们在田黄石的辨伪中很有帮助，他说，田黄石的颜色"难于摹拟者，如黄金黄一种，黄琮祭地，一代真王；桂花黄，木樨夜静闻香气；枇杷黄，栌桔夏熟，肌理蜜甜；橘皮黄，橘冻经冬，皮光可洞"。林文举先生也说："田黄的颜色，鲜而不俗，稳而不浊，不浮不沉，绝非它石或伪石所能混杂。"

田黄石的颜色是经过溪水浸润、田土蕴藏了几百万年才形成的，是出自其内部的矿物染色变化，纯净、温粹、莹光内蕴，这种高贵的色泽是任何石头都不能仿冒的。

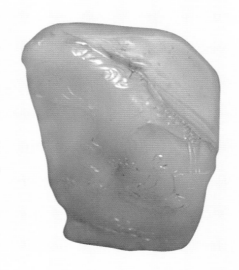

薄意山水人物

施宝霖　作

鹿目格

　　鹿目格，出自杜陵坑山坳沙土中，多为卵块状，有石皮，石质细润，肌理为黄、红或暗赭色，多不通灵。过去冒充田黄的以其为最多，但鹿目格没有萝卜纹，而且石中总有暗红色透出。

蝉

冯志杰　作

钟馗夜巡

林元康 作

善伯洞

善伯洞属杜陵坑余脉，其中有的黄色结晶体，温润通灵，不亚于"田黄冻"。但这毕竟是少数。这种石是矿洞开采，没有石皮，肌理多含金属细砂点，闪闪发光，俗称"金砂地"。有些还掺杂粉白色的浑点，俗称"花生糕"。善伯洞的矿物成分为高岭石，这与田黄石的矿物成分为地开石是不同的。

蟠龙钮章

郭祥忍 作

连江黄

连江黄产于高山东北约6千米的金山顶，石以黄色为主，质细略坚带脆，肌理通常有不规则的网状纹，有些还有层纹，直且浓淡分明，俗称"九重粿纹"。左面一方即为此种形态。在清代冒充田黄者以连江黄最多。其实，田黄石是砂矿，连江黄是脉状矿，且矿物成分田黄为地开石，连江黄为绢云母（伊利石），连江黄的比重比田黄的比重大，是不难分辨的。

连江黄薄意方章 （二方）

佚名

溪蛋原石

溪蛋

溪蛋，产于月洋溪，质温润，微透明，形似卵，有石皮，有些肌理还有红格，样子颇像田黄，但其矿物成分是叶腊石。

67

牛蛋黄

牛蛋黄，一名"鹅卵黄"，产于旗山南麓的溪涧中，色黄质坚，形为卵状，亦有黄色或黑色的石皮，多隐细白点。佳者近似质粗田石，但没有萝卜纹。矿物成分也不是地开石。

福寿双全

陈祖震　作

刘海戏蟾
陈奋和　作

昌化黄石

在冒充田黄的石头中，近年崛起了一种"昌化黄石"，这种石头因矿物成分与田黄相同，因此更具欺骗性。但因这种石头没有田黄石那样的生存环境，所以缺少田黄所特有的"温、润、细、结、凝、腻"，而且"萝卜纹"不如真田黄那么绵密细致，更主要的是，这种石头内往往还存在着许多小的黄点。应该说是不难辨别的。

小田黄黏合而成的大田黄

这是由许多小田黄黏合而成的田黄雕件。田黄向来成材者少，上一两者方为成材，越重价值越高；而不上两者统称"田黄仔"，不甚名贵。将许多小田黄黏合成"大田黄"，有人是为了创作，有人是为了骗钱。这块田黄黏合处一目了然，似无蒙骗之意。其实这种雕件因系多块小田石组成，当作标本，倒是很不错的。

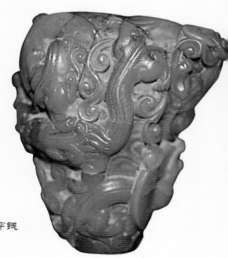

群蟾穿钱
佚名

寿星

冯志杰　作

巴林福黄冻

巴林石是近30年发现的优质印章石，其中黄冻产量极少，因采石班长刘福为采石而致残，为纪念刘福，遂将此石命名为"福黄石"，目前据说已为黄金三倍价。但"福黄"终不及"田黄"更有内涵。而且，两者矿物成分不同，"福黄石"为高岭石，"田黄石"为地开石。

假田黄和芙蓉石

照片中的四块石头，左边的两块是溪蛋（芙蓉石），右边的两块是假田黄，是磨成卵形的，石商卖石时抹了油，样子挺好，但把油洗去即露出坑坑点点的凿痕。所以买田黄时一定要注意，首先把油擦干净了再看。

假田黄

将一般的寿山石（或许连寿山石都不是）磨成自然形状，外表涂上一层环氧树脂或胶水拌合的石粉以充石皮，但石质粗劣，让人一望而知其伪。

寿山石雕大师薄意作品欣赏

桃花春燕、喜上梅梢田黄对章

重124克　林清卿　作

　　田黄，由于受到有清一代帝王的激赏及达官贵人、富商巨贾的大肆索求而身价数倍于黄金。而印章的取材势必要损耗宝贵的材料，于是出现了一种新的艺术表现形式——"薄意雕刻艺术"。这种艺术损材较少，又能巧妙地将田黄格裂等毛病加以掩饰，有化"腐朽"为神奇之功。因"薄意"技艺为林清卿首创，他也成了开一代风气之大师。他所开创的门派，被称为"西门派"。这种薄意艺术至今不衰，并出现了刘爱珠、林文举这样的佼佼者。

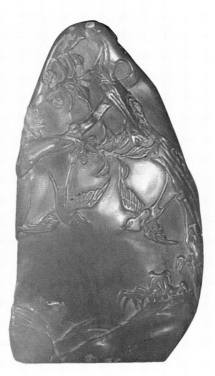

杏燕

田黄　重30克　王雷霆　作

王雷霆是继林清卿之后的一位"西门派"薄意大师。薄意艺术就是在尽量减少珍贵石材损失的情况下，将石雕艺术发挥得淋漓尽致。如果材料是有皮的田黄，则将尽可能保存石皮。但是从这块石雕看，应该是一块无"皮"的田黄。石头本身最精彩的地方，可能是空白的那一部分，雕刻家故意不加修饰，以表现田黄本身优美的条状萝卜纹。

竹方章

林寿煁作　重 32 克

　　寿山石雕艺术在清末民初分为"东门派"和"西门派"，分别以浮雕和薄意雕擅名当时。林寿煁是"东门派"正宗传人，但对田黄石，他雕的也是"薄意"，从这方章上我们能看出其薄意雕刻的造诣之深，欣赏这张拓片，不逊于欣赏一幅国画。

附 录

"国石"只能是田黄

　　据报载："今年（1999年，编者注）8月，中国宝玉石协会和地矿部联合举办了首次'中华国石定名'大选，福建寿山石以全票通过的绝对优势，在41种参评的宝玉石中脱颖而出，荣登榜首。由专家组评审报送国务院审批的其他国石候选石依次是：浙江昌化鸡血石、浙江青田石、新疆和田玉、河南独山玉、辽宁岫岩玉。"

　　一个有着七千年文明的泱泱大国，已经有了"国花"——牡丹，据说银杏可能要成为"国树"，没有"国石"实在有点说不过去。现在可好了，"国石"很快就要定下来了。这确实是个令国人欢欣鼓舞的喜讯。

　　不过，不知为什么，评审报送的宝玉石，会有六个，尽管排名有先后，但到底谁最后定为"国石"还说不准。据说，在国务院有关部门审批后，还得由全国人大最后通过。因此，在"国石"还没有最后评定之前，我想说出自己的意见："国石"只能是"田黄石"。理由非常简单，"国"字号的，标准必须是珍稀、高贵，体现中华民族的文化内涵，代表中华民族的感情。

新疆和田玉，确实是我们中华民族自古以来就万分钟爱的"宝玉"。但问题是它的矿脉很长，除了和田还有叶尔羌，几乎横贯整个昆仑山。究竟应以哪个地名命名呢？如果仅以和田名之，那岂不是委屈了叶尔羌？况且，仅就和田玉而言，它就有白玉、青白玉、青玉、碧玉、墨玉、黄玉，还有价值连城的羊脂白玉，它们自己就有优劣之分，到底该定哪一种玉为"国石"呢？

河南独山玉的问题就更多了，它没有和田玉那么温润、纯净，颜色也较杂，在历史上就不大为人们所重视，在今天也没有取得国人的青睐，市场上常见到它们做成类似翡翠挂件的身影，远没有和田玉那样受欢迎。至于辽宁岫岩玉，在使用上它有悠久的历史，数千年前的"红山文化"古玉多取材于它们。可惜，它也没有和田玉那种高贵气质，它硬度不够，玉质也太通透，显得缺乏内涵，最要命的是它产量太大，这就严重影响了它的价格。现在只要到玉器市场去看看，满世界都是岫岩玉，问问价格，简直是在糟踏它，令人悲痛欲绝。它们都缺少稀有、高贵的条件。如果让"独山玉""岫岩玉"当"国石"，你让国人怎么想？

浙江青田石品种既多，色泽也好，那绚丽的青田石雕以其鬼斧神工，委实令人着迷。历史上的"灯光冻"确实是名震一时的名石，可惜它早已绝产，收藏者手中佳石都不多。所多的只是一般的工艺叶腊石，难登大雅之堂。它当"国石"看样子也差了一点。

浙江昌化鸡血石比青田石要强，它自古享有盛誉，被尊为"印石之后"，海峡两岸的中国人都爱它爱得如醉如痴。1972年日本前首相田中角荣和外相大平正芳访华，周恩来总理送他们每人一对鸡血石印章，让他们欣喜若狂，并在东瀛掀起一股"鸡血石热"。但鸡血石也有弱点，因为它是"后"，代表"女性"，只能看，不能与人亲近，放在手上玩久了，上面的"血"就变黑，成为"熟血"。这是件很遗憾的事，"国石"离咱们远远的，那怎么行，感情上受不了。还有一个就是名字，在我们这样有文化底蕴的国家，我们的先人当初为什么给它取了这么个名字，形象是形象了，但"血"总使人想到伤害、战争等不祥的事，当"国石"恐怕也不行。

而寿山石则没有青田石、鸡血石的弱点，它品种既丰——光上好的石种就有几十个，历史也悠久，从六朝开始，就被人利用。但寿山石也是良莠不齐，珍稀的田黄石高贵无比，差的峨眉石只好充当耐火材料，如果把它们一股脑儿地评为"国石"恐怕也不妥当。你想，今后人们看到一车一车的峨眉石"国石"被耐火材料厂磨成粉末将会是一种什么样的感觉？如果成吨成吨地出口岂不是更加糟糕？

那么，究竟应评谁是"国石"呢？只能是田黄石！

首先是它声名昭著，国人没有不知道"田黄"的，任何一个宝玉石收藏家，都以能够收藏到田黄石为荣。其次，田黄极其珍稀，在全世界也只有寿山乡一块长数里、宽数十米的水田才有出产，它是"无根而璞"，和周围诸矿的产石毫无关联，虽然它们在数千万年之前曾是"兄弟"，但现在连矿物成分都起变化了。最重要的是，在中华民族的文化史上，田黄石有深刻的文化内涵。在五行说中，木金火水土在方位上，对东西南北中；在色彩上，对青白赤黑黄。"土"代表着中央、代表着黄色。这是我们中华民族所公认的"正色"。而"田黄"最早的名字叫"黄田"，是"黄色的田地"，不正是中华大地的象证吗！

田黄石还有着辉煌的历史，它曾经登上清代帝王祭天的供桌，除了田黄石，哪一种石头有过这样的殊荣？在历史上，它就是人们心目中的"石中之王""石帝"。它不仅仅高贵、珍稀，在整个地球上都绝无仅有！它当"国石"，海峡两岸的宝玉石爱好者都会举双手赞成，全世界的炎黄子孙也都会举双手赞成。

如果田黄当选"国石"，我建议首先成立全国性的"国石研究会"，其次，立即禁止田黄石出口，将来如果哪位外国的贵宾访问中国，国家送他一颗蚕豆大小的田黄，都要让他感到如获至宝，激动万分，也只有这样才能在全世界提高中国"国石"的地位，就像大熊猫、丹顶鹤那样！

在"国石"的最后评定中，我谨向参加评选的专家、国家机关和全国人大进一言："国石"只能是田黄！

本文曾刊载于《美术报》、《宝玉石信息》、《荣宝斋》杂志、《福州晚报》、《中国寿山石研究论文集》。

⊛ 后 记

　　我一直想写一点田黄鉴识的文章，现在终于如愿了。说起这事的原动力，却是十分荒唐的。一次我拿了一块田黄到京城一家颇有名气的拍卖行去，两个妇女坐在高悬日光灯的乒乓桌前，一边翻看报纸，一边鉴定，结论是：巴林石。其实巴林石和田黄石的差异，是一般收藏印石的人都能分辨的。我至今不明白，她们当时是怎么回事，是真的像传闻中的"假作真时真亦假"吗？

　　这次指鹿为马的"鉴定"，激起了我研究田黄的强烈兴趣，我购买了所有能见到的寿山石著作，请教了许多寿山石雕刻家、收藏家和科学家。并且只要听说有田黄拍卖，就不远千里前去观摩，在此期间，我眼见手摸的田黄不下百件，如今总算敢说自己懂一点田黄石的知识了。在一些拍卖行里，我曾惊奇地发现，有些又长又大又薄的"片状田黄"被拍卖，说明这些拍卖行甚至对田黄石的成因都一无所知；还有一次竟然发现了一块"人造田黄"！

　　为了使拥有田黄的人，不要再被那些所谓的"鉴定家"蒙了，也为了使印石爱好者在鉴识田黄时少走一些弯路，我决定编写此

王敬之讲田黄

77

书。我要感谢给我帮助的夏安宁、胡予文、周越刚、陆丁荣、金奎喜等科学家，是他们让我懂得如何从科学的角度研究田黄。感谢方宗珪、施宝霖、陈石、林文举先生，刘爱珠女士以及寿山石雕界的其他艺术家们在编撰本书时给予的无私帮助，这本书应该说是在他们的研究成果上写成的。感谢赵文淦先生拍摄的田黄照片，因为有了他的精湛摄影技术，这本书才变得如此亮丽。

如果本书的出版能帮助读者认识田黄，甚至因此而收藏到了田黄，那将是我最大的快慰。

王敬之

2000 年 11 月于武林之涵斋